T/CAGHP 034—2018

目 次

前言	Ⅲ
引言	Ⅴ
1 范围	1
2 规范性引用文件	1
3 术语和定义	1
4 一般规定	2
4.1 监测目的	2
4.2 监测对象	2
4.3 监测设备组成	2
5 监测设备技术参数	2
5.1 量程范围	2
5.2 灵敏度	2
5.3 测量精度	2
5.4 监测频率	3
5.5 环境适应性	3
5.6 防水防尘等级	3
5.7 避雷措施	3
5.8 监测设备供电要求	3
5.9 数据采集与处理	3
6 监测设备选址原则	3
7 监测设备施工标准	4
7.1 监测设备施工要求	4
7.2 监测设备施工主要部件及关键步骤	4
7.3 场地保护	4
8 监测设备运行维护	4
8.1 外观检查与维护	4
8.2 传感器检查与维护	4
8.3 供电设备检查与维护	5
8.4 线缆检查与维护	5
8.5 避雷设备检查与维护	5
附录 A（规范性附录） 数据格式与传输要求	6
附录 B（资料性附录） 监测设备安装步骤	7
附录 C（资料性附录） 监测设备安装施工记录表	8
附录 D（资料性附录） 监测设备日常运行维护记录表	9

Ⅰ

前言

本规程按照 GB/T 1.1—2009《标准化工作导则 第1部分:标准的结构和编写》给出的规则起草。

本规程附录 A 为规范性附录,附录 B、C、D 为资料性附录。

本规程由中国地质灾害防治工程行业协会提出并归口。

本规程起草单位:中国地质调查局水文地质环境地质调查中心、中国科学院·水利部成都山地灾害与环境研究所、中国地质环境监测院、甘肃省地质环境监测院、北京市地质研究所。

本规程主要起草人:曹修定、杨凯、吴悦、李鹏、杜鹏、欧国强、齐干、李瑞冬、陈红旗、王晨辉、桑文翠、郭伟、董翰川、王洪磊、褚宏亮、翟淑花、马鑫、潘华利、宋晓玲、毕远宏。

本规程由中国地质灾害防治工程行业协会负责解释。

引 言

根据国土资源部发布的《国土资源部关于编制和修订地质灾害防治行业标准工作的公告》（国土资源部公告 2013 年第 12 号）的要求，由中国地质调查局水文地质环境地质调查中心牵头，中国科学院·水利部成都山地灾害与环境研究所作为主编单位，会同有关科研院所组成编制组，经过广泛调查研究，认真总结泥石流泥位雷达监测技术的实践经验和科研成果，在广泛征求意见的基础上，制定本规程。

本规程共分为 8 部分，包括范围、规范性引用文件、术语和定义、一般规定、监测设备技术参数、监测设备选址原则、监测设备施工标准和监测设备运行维护。

泥石流泥位雷达监测技术规程(试行)

1 范围

本规程规定了泥石流泥位雷达监测设备组成、监测设备技术参数原则、监测设备选址原则、监测设备施工标准、监测设备运行维护要求等内容。

本规程适用于采用雷达技术的泥石流泥位专业监测。

2 规范性引用文件

下列文件中的条款通过本规程的引用而成为本规程的条款。凡是注日期的引用文件，其随后所有的修改单(不包括勘误的内容)或修订版，均不适用于本规程，然而，鼓励根据本规程达成协议的各方研究是否可使用这些文件的最新版本。凡是不注日期的引用文件，其最新版本适用于本规程。

GB 1499.2—2007 钢筋混凝土用钢

GB 4208—2008 外壳防护等级(IP代码)

GB 50204—2002 混凝土结构工程施工质量验收规范

GB 50343—2004 建筑物电子信息系统防雷技术规范

DZ/T 0220—2006 泥石流灾害防治工程勘测规范

DZ/T 0221—2006 崩塌、滑坡、泥石流监测规范

3 术语和定义

下列术语和定义适用于本规程。

3.1

泥位 surface elevation of mudflow

泥石流运动过程中，流体的表面高程与沟道基底高程的相对高差。

3.2

雷达 radar

利用电磁波探测目标空间位置的电子设备。

3.3

雷达监测 radar monitoring

雷达对泥石流液面发射探测波并接收其回波信号，通过计算回波时间差获得距离数据，由此获得泥石流泥位数据。

4 一般规定

4.1 监测目的

通过对泥位的监测,获取监测点泥位数据。

4.2 监测对象

通过获取雷达传感器与泥石流液面的垂直距离,监测泥位的相对变化量,监测对象应符合《崩塌、滑坡、泥石流监测规范》(DZ/T 0221—2006)中关于监测任务的要求。

4.3 监测设备组成

监测设备应由雷达传感器、数据采集处理设备、通信设备、供电设备、固定防护支架组成。

4.3.1 雷达传感器

应具备发射天线、信号接收器、信号变送电路3个组成部分,应通过电磁波获取泥位数据,输出信号应为标准模拟或数字电信号。

4.3.2 数据采集处理设备

应提供对传感器信号进行接收、解析、识别、计算的功能,并应能够按照指令要求控制监测设备工作,宜具备数据本地备份存储能力。

4.3.3 通信设备

须具备监测数据的远程发送及控制指令的远程接收能力,宜采用无线通信方式(数据格式与传输要求见附录A)。

4.3.4 供电设备

须具备为监测设备各组成部分提供稳定能源供应的能力,应配备蓄电池。

4.3.5 固定防护支架

应保证监测设备安装稳固,并具备防水、防尘、防腐蚀功能。

5 监测设备技术参数

5.1 量程范围

监测设备的量程应满足实地监测需求,量程最小不小于10 m。

5.2 灵敏度

监测设备的灵敏度应不低于1 cm。

5.3 测量精度

设备测量误差范围控制在±1%以内。

5.4 监测频率

未降雨期间设备最高监测频率应达到每10分钟1次;降雨期间设备应具备连续监测能力,监测频率不小于每5秒钟1次。

5.5 环境适应性

对野外工作条件应具有良好的适应能力,在符合规定条件的安装地点,能正确、可靠、方便地进行安装。应能在－40 ℃～60 ℃的环境中正常工作。

5.6 防水防尘等级

设备外壳应符合《外壳防护等级(IP代码)》(GB 4208—2008)中关于防护等级的规定,监测设备的防水防尘标准应不低于IP65。

5.7 避雷措施

监测设备应安装避雷针和避雷接地体,设备防雷性能应满足《建筑物电子信息系统防雷技术规范》(GB 50343—2004)要求。

5.8 监测设备供电要求

a) 蓄电池应满足监测设备30 d正常运行的供电要求,应配备充电装置,宜采用太阳能充电方式。
b) 应安装充放电控制器对蓄电池实行过充和欠压保护。
c) 应具有多种电源管理模式。
d) 供电电压可选择24 V或12 V,宜使用12 V。

5.9 数据采集与处理

5.9.1 应采用多次采样的方式进行数据采集,并具备剔除异常值的数据处理能力。
5.9.2 应能将数据存储至设备固态存储器(SD卡或TF卡)内。

6 监测设备选址原则

监测设备的选址应保证能够准确获取监测点位的泥位数据,同时保证监测设备的正常运行。监测点位的具体选取原则如下。

6.1 应选取能客观、准确反映沟道内泥石流沿程泥位变化特征,监测断面规则,沟床稳定的沟段。
6.2 应保证监测设备数据传输稳定。
6.3 应充分考虑设备的安全性。
6.4 若采用太阳能供电方式,监测点光照时间应不低于4 h/d。
6.5 在满足上述原则的情况下,监测点位宜选择便于施工及后期管护的地点。

7 监测设备施工标准

7.1 监测设备施工要求

7.1.1 应根据安装点位实地情况，合理制订施工方案，确定施工时间、安装方式、施工材料、支架尺寸、保护措施（监测设备安装步骤见附录B）。

7.1.2 严格按照施工方案进行施工，施工所用材料质量、施工主要部件应满足"7.2 监测设备施工主要部件及关键步骤"的要求。

7.1.3 监测设备基础施工应符合现行国家标准《混凝土结构工程施工质量验收规范》（GB 50204—2002）的有关规定。

7.1.4 施工完成后，应对监测设备进行现场调试，确保数据传输正常。

7.1.5 施工过程应全程做好施工日志记录（见附录C）。

7.2 监测设备施工主要部件及关键步骤

监测设备施工主要部件及关键步骤要求如下：
a) 所开挖基坑尺寸不小于600 mm×600 mm×800 mm。
b) 基础采用钢筋混凝土结构，钢筋地笼采用带肋钢筋焊接成型，所用钢筋的公称直径应不低于16 mm，技术参数应符合国家标准《钢筋混凝土用钢》（GB 1499.2—2007）中的相关规定，需浇筑混凝土基础，混凝土强度须达到C20。
c) 基础尺寸不小于600 mm×600 mm×800 mm，要求上表面光滑、水平，水泥基础坚固耐用、平整美观。
d) 监测设备上部安装结构由立杆、横杆、支撑杆及附件等部分组成。立杆和横杆管径应分别不低于140 mm、76 mm，管壁厚度不小于4 mm，支撑杆管径和长度视实际需求而定，要求雷达传感器晃动距离不超过精度范围。

注：若监测设备安装点位于排导槽、拦砂坝等人工建筑上，应在不破坏原有建筑结构和设计强度的前提下埋设地笼，建议在建筑施工阶段提前预埋地笼。

7.3 场地保护

7.3.1 监测设备安装完成后，应安装安全防护栏，并设立相应的警示标志。

7.3.2 指定专门人员，对监测场地定期进行检查，对影响监测结果的因素应当及时排除或向有关部门反映。

8 监测设备运行维护

监测设备安装完毕后，应对监测设备进行定期检查与维护，并填写维护记录表（见附录D）。

8.1 外观检查与维护

8.1.1 各部件紧固件应稳定不松动，监测仪器稳固无位移。

8.1.2 保持监测仪器各部件清洁，无变形、无锈蚀。

8.2 传感器检查与维护

8.2.1 每季度检查传感器的输出信号是否处于正常工作状态。

8.2.2 每年汛期开始前对传感器进行校准。

8.2.3 有下列情形之一时须进行校准：

    a) 传输至数据库的监测数据出现明显异常。

    b) 传感器经过维修或者更换。

8.3 供电设备检查与维护

8.3.1 根据现场环境及蓄电池老化情况，应每 2 a～3 a 更换一次蓄电池。

8.3.2 每年汛期前对充电设备进行检查，若采用太阳能充电方式，应每半年清理太阳能板的灰尘及污物 1 次。

8.4 线缆检查与维护

8.4.1 检查线缆是否有老化破损或人为破坏现象，检查周期为 2 次/a。

8.4.2 汛期前检查线缆接头是否松动、各接线端口是否腐蚀，检查周期为 1 次/a。

8.5 避雷设备检查与维护

8.5.1 每年汛期前，对避雷针及避雷接地器进行检查，及时更换老化及损坏的部件。

8.5.2 检查监测仪器接地端是否生锈或断裂，检查周期为 1 次/a。

附 录 A
(规范性附录)
数据格式与传输要求

A.1 数据格式要求

A.1.1 监测设备上传数据应包含仪器编号、泥位数据、采集时间3种必需监测信息,并应包含设备电源情况、信号质量、设备工作温度等设备健康信息。

A.1.2 上传数据必须为各类信息预留足够数据长度,不得因数据长度不足降低监测精度。

A.1.3 建议采用单包方式上传数据,不宜采用分包方式上传数据。

A.2 数据传输方式

A.2.1 数据传输应具备应答或自校验机制,保证数据传输正常。

A.2.2 通信网络应根据监测点实际情况进行选择,优先采用公共无线网络,对于无公共无线网络覆盖区域,建议采用北斗卫星通信。

A.2.3 对于通信信号不稳定区域,监测设备应配置冗余通信手段,且不同通信手段间可自动切换,保证数据传输稳定。

附 录 B
（资料性附录）
监测设备安装步骤

监测设备安装应按照以下步骤逐项进行施工：
a) 选定安装地点并做好标记。
b) 在选定位置按要求开挖基坑。
c) 在基坑内放入地笼，浇筑基础、回填混凝土并充分搅拌捣实。
d) 将模具置于基础顶部高于地面部分周围，并均匀对称放置后，将基础顶部表面进行人工铺平。
e) 基础施工完成，养护时间不应低于48 h。
f) 在基础上安装立杆。
g) 在立杆上安装横杆，如监测点安装横杆较长，则需加装支撑杆防止晃动。
h) 在立杆上安装主体设备，在横杆上安装传感器。
i) 现场测试确认达到监测精度要求后施工完毕。
j) 填写施工调试记录表。

附 录 C
（资料性附录）
监测设备安装施工记录表

表 C.1 监测设备安装施工记录表

监测设备安装施工记录			
设备名称：		设备型号：	
施工单位：		施工地点：	
施工点坐标：			
基础施工			
施工时间：		施工方式：	
地笼尺寸：		基坑尺寸：	
混凝土配比：		养护天数：	
施工人(签字)：		质量负责人(签字)：	
验收时间：		验收人(签字)：	
设备安装			
安装时间：	立杆长度：		横杆长度：
传感器量程：	初始泥位：		
电池初始电压：	光照情况：		
数据通信：	数据上传：□正常 □不正常		命令下发：□正常 □不正常
安装人(签字)：		技术负责人(签字)：	
验收时间：		验收人(签字)：	

附 录 D
（资料性附录）
监测设备日常运行维护记录表

表 D.1 监测设备日常运行维护记录表

监测设备日常运行检查维护记录					
设备类型：		设备编号：		设备坐标：	
安装时间：		安装单位：		上次维护时间：	
维护理由：		定期巡检□		故障排查□	
检查项目	设备状态（符合打√，不符合打×）	问题及可能原因		处置方式	处置结果
外观	紧固件稳定不松动□				
	仪器稳固无位移□				
	各部件清洁，无变形锈蚀□				
传感器	外观完好□				
	供电正常□				
	采集结果准确□				
供电设备	蓄电池电压（　），电量正常□				
	蓄电池更换时间（　），需要更换□				
	充电、放电功能正常□				
	太阳能板清理时间（　），需要清理□				
线缆	线缆完整无破坏□				
	线缆外皮完好，无老化□				
	线缆无短路、断路现象□				
	线缆接头稳固□				
	线缆接口无锈蚀痕迹□				
避雷设备	避雷针外观完好□				
	接地体无生锈断裂□				
	接地电阻正常□				
维护人（签字）：				审核人（签字）：	
维护时间：						